AF363600

OBSERVATIONS

SUR LA QUESTION SUIVANTE

proposée par le Conseil-Général du Var :

DÉCOUVRIR LE MOYEN

DE DÉTRUIRE LES INSECTES

QUI ATTAQUENT L'OLIVIER.

> Dans le mouvement perpétuel de destruction et de reproduction que subissent les êtres animés, la Providence ménage bien plus les espèces que les individus.

DRAGUIGNAN,

Imprimerie de Michel, successeur de Fabre.

1844.

OBSERVATIONS

SUR LA QUESTION SUIVANTE

proposée par le Conseil-Général du Var :

DÉCOUVRIR LE MOYEN

DE DÉTRUIRE LES INSECTES

QUI ATTAQUENT L'OLIVIER.

> Dans le mouvement perpétuel de
> destruction et de reproduction que
> subissent les êtres animés, la Pro-
> vidence ménage bien plus les espè-
> ces que les individus.

Les animaux qui vivent sur la terre, dans les airs et sous les eaux, composent la grande chaîne de la création.

L'homme est le chef-d'œuvre de la nature par son origine et par ses fins. En lui, réside l'instinct de sa prédestination, parce que son intelligence, guidée par la révélation primitive, a pu lui laisser entrevoir les desseins de la Providence, et lui faire comprendre l'œuvre sublime de la création.

Ainsi, l'homme est le premier anneau de cette chaîne merveilleuse qui rattache la terre au ciel.

Par sa haute intelligence et la perfection de son organisation, l'homme peut bien dompter les animaux, soumettre à son génie l'action des élémens, combiner et utiliser leur force ; mais il reconnaîtra son impuissance, lorsqu'il voudra porter une main trop hardie sur les œuvres de la création, et intervertir l'ordre immuable de la nature.

L'auteur de la création dont les œuvres sont marquées au sceau de l'indestructibilité et d'une admirable harmonie, a donné aux espèces un caractère de durée qui est refusé aux individus.

Par les moyens de la reproduction accordés aux individus de chaque espèce, qui meurent et disparaissent après avoir accompli la période et le but de leur existence, l'espèce se transmet d'une génération à l'autre, et se perpétue, selon l'ordre invariable de la nature. Mais la vie des individus, toujours nombreux, reste livrée aux dangers qui la menacent dans sa durée plus ou moins éphémère.

La destruction, parmi les animaux terrestres, est effrayante. On a estimé qu'il périssait, par seconde, environ soixante individus de l'espèce humaine, la seule sur laquelle il soit possible d'établir un calcul approximatif. L'imagination serait épouvantée si l'on connaissait la masse des animaux de toute espèce qui succombent, à chaque seconde, soit par accident, soit par leur fin naturelle, soit parce qu'ils se dévorent les uns, les autres.

Eh bien ! dans ce tourbillon qui, à nos yeux, présente l'image de la destruction et du désordre, Dieu, dans son immuable sagesse, accomplit l'ordre et la reproduction. Un ouragan bouleverse-t-il les savannes de l'Amérique ?.. Le pollen du palmier mâle qui se dresse sur un morne, est porté sur les fleurs des palmiers des vallées, et leur fécondation s'est opérée au milieu de ce désordre des élémens. Les arbres séculaires que la tempête a débarrassés de leurs branches mortes, vont reprendre une nouvelle vigueur. L'ouragan a bien pu détruire une foule d'animaux, mais il y avait surabondance d'individus : les espèces restent : l'ordre de la nature n'est pas interverti, et ses lois s'accomplissent pour la fécondation des palmiers et d'autres végétaux, pour le rajeunissement des vieux arbres, comme pour la perpétuité des espèces d'animaux qui, réduits à un plus petit nombre, trouveront plus facilement leur subsistance, enfin, pour le bien des êtres vivants de la contrée sur laquelle a mugi la tempête, et où l'air a été purifié par le vent et par les feux du tonnerre.

Tels sont les effets de la tempête qui semblait devoir tout détruire. C'est ainsi que, même au milieu d'une scène de destruction, Dieu sait produire l'ordre et la régénération.

Cette loi que Dieu a rétablie pour la reproduction et la conservation des espèces, n'a subi que de rares exceptions.

Si la géologie nous montre les dépouilles de quelques rares et gigantesques quadrupèdes antidiluviens dont les espèces ont disparu de la surface du globe, c'est une sorte d'avertissement que Dieu a voulu donner à l'homme, comme pour lui rappeler son néant sur la terre, et lui montrer que lorsque les temps seront accomplis, il brisera en un instant l'œuvre entière de la création.

Ces avertissemens ne manquent pas à la terre. Depuis le grand cataclysme qui la bouleversa de fond en comble, combien de désastres partiels n'ont-ils pas annoncé, n'annoncent-ils pas fréquemment au monde qu'un être supérieur existe, et qu'un seul acte de sa volonté peut détruire en un moment les ouvrages et la vie des hommes et le globe tout entier ? Il montre et il soulève à son gré tous les agens de destruction qui sont en son pouvoir. La foudre, les tempêtes, l'eau, le feu, les tremblemens de terre qui épouvantent si souvent la nature entière, sont autant d'avertissements que Dieu donne au monde, comme preuves de son existence et de cette puissance infinie à laquelle il suffira d'un instant, à la fin des siècles, pour tout faire rentrer dans le néant.

Mais, tant que Dieu, par un acte de sa volonté, maintiendra l'ordre actuel de la nature, il ne sera pas donné à l'homme d'en changer les lois et les conditions. Tout au plus, par le pouvoir et la haute intelligence dont il est doué, l'homme pourrait modifier jusqu'à un certain point les effets de ses lois, et, encore, ce ne serait qu'à la suite de précautions constantes. A la moindre interruption de ses efforts pour combattre les lois de la nature, celles-ci reprendraient bien vite le dessus et rentreraient dans leurs conditions invariables.

Garantir l'olivier des insectes qui trouvent leur nourriture dans sa sève et dans son fruit, serait un acte contraire à la nature. Dès lors, il devient impossible à l'homme d'accomplir entièrement cet acte Tout ce qu'il peut faire, c'est de modifier les effets de cette loi de la nature qui porte ces insectes à attaquer l'olivier.

Il obtiendra cette modification en diminuant le nombre de ces insectes et en les éloignant autant que possible de l'olivier.

Telle est la question sur laquelle nous allons présenter quelques observations.

Les insectes qui attaquent l'olivier sont en nombre infini d'espèces et de formes. Quelques-uns de ces insectes ont été assez exactement décrits par les naturalistes. Mais il en est une quantité innombrable qui n'a point encore reçu de nom.

Quant à celui qui se nourrit de la substance de l'olive, tout le monde le connaît, et il nous paraît superflu d'en donner la description. Cet insecte est produit par une petite mouche à deux ailes. Vers le mois d'août, cette mouche pique l'olive et y introduit un ou plusieurs vers qui se nourrissent de la substance de ce fruit. Au mois de septembre, et lorsque l'huile commence à se former dans l'olive, ce ver passe à l'état de chrysalide. Cette seconde période dure jusque vers le mois de mars. Alors ce ver subit sa métamorphose et sort de l'olive à l'état de mouche et en tout semblable à sa mère.

Que devient alors cette mouche ? quelle est la retraite qui lui sert d'abri ? de quoi se nourrit-elle jusqu'à la venue de l'olive qui doit recevoir sa ponte et former une nouvelle génération ? Dieu seul le sait. Il n'est pas permis à l'homme de répondre pertinemment à des questions pareilles. Quels que soient son talent d'observation et sa patience, il lui est impossible de suivre, dans leur vie et dans leurs transformations, ces insectes quasi-microscopiques dont les habitudes doivent se soustraire aux investigations de la science et de la persévérance humaines.

Il ne serait pas surprenant que des hommes privilégiés eussent employé des moyens artificiels pour s'initier fort avant dans la vie et dans les habitudes de ces insectes. Mais ces moyens artificiels ne sont probablement point conformes à ceux que la nature offre à ces animaux, comme conditions de leur existence et de leur conservation.

Dès lors, on serait dans l'erreur si l'on prenait pour règle de la vie ordinaire des masses, ce qui ne serait qu'une exception, bien que quelques individus eussent pu résister à un traitement établi sur des conditions exceptionnelles, comme on le remarque pour plusieurs genres de plantes et pour plusieurs espèces d'animaux. Ces traitements exceptionnels ne sont que la preuve de la grande force qu'il y a dans le principe de la vie chez les êtres organisés.

Nous même, nous avons fait quelques expériences sur les insectes qui nous occupent. Nous avons soumis à un traitement d'observations, quelques-unes des nombreuses espèces qui rongent les rameaux de l'olivier. Nous avons suivi le ver de l'olive dans ses transformations pendant son séjour dans ce fruit. Nous l'avons vu à l'état de ver, de chrysalide et de mouche. Pendant quelque temps, nous avons conservé cette mouche et les autres insectes au moyen de substances sur lesquelles ils paraissaient se nourrir. Mais tous moururent bientôt après, sans laisser de trace apparente de germe de reproduction, et nous reconnûmes que ces animaux n'avaient été que de stériles victimes de notre impuissante curiosité, et qu'ils eussent accompli d'une autre manière le rôle qui leur est départi, si nous les avions laissés à leur instinct, qui est l'état de nature.

L'on ne doit pas induire, encore, du résultat des expériences faites dans le cabinet, que les époques de transformation de ces insectes s'opèrent en tous lieux, dans un même laps de temps. Ces périodes sont soumises aux influences de l'atmosphère, du sol, de l'exposition et du climat.

Il y a, de plus, à remarquer que ces insectes, qui sont des corps organisés, loin de faire des apparitions régulières, ne se montrent en grand nombre qu'à des époques plus ou moins rapprochées, comme les chenilles, les sauterelles, les hannetons et autres insectes connus par leurs ravages dans les champs. Cela ne peut s'expliquer que par la circonstance que ces époques indéterminées de l'iruption de myriades d'insectes, sont le résultat des influences atmosphériques qui en ont favorisé la reproduction et le développement. Mais, quelles que soient les vicissitudes de l'atmosphère, les espèces sont conservées dans leur immutabilité par un effet des desseins de la Providence. Dans les années qui n'ont pas présenté des conditions favorables à leur développement, les individus sont moins nombreux et leurs dégats moins apparents ; mais il y en a toujours assez pour perpétuer l'espèce et conserver ainsi l'harmonie de l'univers.

Les moyens de combattre les insectes qui attaquent l'olivier et son fruit sont de deux sortes : l'action de la nature et l'action de l'homme.

L'action de la nature est, sans contredit, le moyen le plus puissant de rétablir l'équilibre que présentent les œuvres de Dieu. Cette action qui entre dans les règles générales établies par l'auteur de toutes choses, a été contrariée par le fait de l'homme. Il y aurait donc à la rétablir pour rentrer dans le merveilleux équilibre de l'œuvre sublime de la création.

Dans un mémoire accueilli avec indulgence par la société d'agriculture de notre département, et publié dans son journal, il y a quelques années, nous avons indiqué, comme cause principale de la multiplicité et du ravage des insectes sur l'olivier, le déboisement des côtes méditerranéennes et la destruction des oiseaux.

L'absence des bois sur lesquels un très-grand nombre de ces insectes trouvaient leur retraite et leur nourriture, les a forcés à se jeter sur l'olivier.

Et la disparition des oiseaux qui sont tous entomophages, et auxquels l'homme, dans son aveuglement, fait une guerre acharnée, a occasionné l'étonnante multiplication des insectes rongeurs de l'olivier.

Pour rétablir l'équilibre, il y a, d'une part, à ménager les bois existants, à hâter la reproduction d'autres bois par des semis ou par des plantations nouvelles et par la prohibition des défrichemens.

D'autre part, il faut que les réglemens sévères contre les abus de la chasse, protégent la multiplication des oiseaux qui, tous, et plus particulièrement quelques espèces, autrefois très-nombreuses, se nourrissent d'insectes.

Que l'on estime, s'il est possible, le nombre prodigieux de ces insectes que les oiseaux font périr, en considérant que chaque couple d'oiseaux ayant leur nichée, détruit, dans le temps de l'élève des petits, cinq à six cents insectes par jour.

On a remarqué dans l'arrondissement de Toulon, que depuis environ cinquante ans que l'abolition des droits seigneuriaux a rendu la chasse si générale, si commune, le nombre des oiseaux a diminué visiblement chaque année, tandis que les insectes destructeurs de l'olivier et de son fruit, ont pullulé d'une manière effrayante. Mais ici, comme dans plusieurs autres parties de la France, en Amérique, en Belgique etc., on commence à se raviser sur ce point, et des réglemens plus sévères ont été portés contre la chasse au fusil, au filet et autres piéges, afin de favoriser la multiplication des oiseaux dont on reconnaît enfin l'utilité et le secours en agriculture, par le nombre infini d'insectes qu'ils détruisent.

Une autre cause de la propagation de ces insectes, c'est la destruction des chênes blancs qu'on a abattus presque partout pour les constructions navales, et l'enlèvement des galles de cette espèce de chêne que, depuis une époque assez récente, on recueille pour la teinture.

Selon l'opinion des naturalistes, c'est sur le chêne blanc que se retire la chenille sur le corps de laquelle la mouche ichneumone dépose ses œufs. Et il se trouve encore que les galles de ce chêne fournissent le plus grand nombre de Cynips. Celui-ci, comme les ichneumones est une mouche à quatre ailes; et ces deux familles de mouches, autrefois innombrables, faisaient périr une très-grande quantité d'insectes, particulièrement les chenilles, les pucerons, les larves, les charançons etc.

L'action de l'homme pourrait atténuer le fléau qui afflige l'olivier en pratiquant les divers moyens qui ont été indiqués pour la destruction des insectes. Ces moyens consistent à appliquer autour des branches principales des arbres, une couche de goudron en forme de ruban: à faire des aspersions chaulées, des fumigations sulfureuses et autres, des frottemens sur les branches au moyen de poignées d'herbes sèches; à enlever du tronc des arbres toute la vieille écorce, et à fouiller la terre autour du tronc, en écrasant tous les insectes qu'on rencontre; à donner aux plantations des engrais abondans et de fréquentes œuvres de culture, afin qu'une sève plus forte et plus abondante puisse rejeter cette vermine qui s'attache plus particulièrement aux arbres faibles et languissans. La culture d'été a encore pour effet de détruire les œufs ou les larves de ceux de ces insectes qui les déposent sous terre , et ils sont en grand nombre.

La pratique de ces moyens qui ne sont pas nouveaux, serait d'un grand secours pour la destruction des insectes. Cependant, à cause de la dépense qu'exige leur exécution, il y a lieu de craindre, comme l'expérience le prouve déjà, qu'ils ne soient aussi négligés dans l'avenir, qu'ils l'ont été jusqu'à présent.

Il y a encore à considérer que ceux de ces moyens qui éloigneraient les araignées à l'époque où la mouche quitte l'olive , deviendraient plus nuisibles qu'utiles, parceque les araignées arrêtent dans leurs toiles et font périr un très-grand nombre de ces mouches et d'autres insectes ailés.

Il y aurait un moyen bien autrement assuré et infaillible que beaucoup d'autres pour détruire le ver de l'olivier : ce serait de ramasser ce fruit et de le détriter pendant qu'il renferme encore le ver à l'état de chrysalide, et avant sa transformation en mouche.

Mais, quelle que fut l'efficacité de ce moyen ou de tel autre qu'on puisse employer, l'on comprendra qu'il est impossible de le pratiquer simultanément dans toute une contrée, et que tant qu'il restera un olivier non purgé de sa vermine, ou quelques olives perdues et abandonnées à l'action de la nature, (et il n'en sera jamais autrement) ce sera un foyer, d'où partiront une foule d'insectes qui ne tarderont pas à répandre une nouvelle contagion.

Ainsi la destruction complète d'une ou de plusieurs espèces d'insectes nuisibles, par les moyens humains, paraît impossible, parcequ'elle tendrait à anéantir une des œuvres de la création, et cela n'est pas donné à l'homme Par des soins de chaque jour, de tous les instans, il peut bien garantir jusqu'à un certain point, quelques arbres de petite taille, à sa portée ; mais étendre des soins aussi multipliés aux arbres d'un ou de plusieurs départemens, devient une chose impossible, à cause de la difficulté et de la cherté de l'exécution.

Et puis encore, quel sera l'homme assez présomptueux pour offrir sérieusement des moyens efficaces pour la destruction générale et complète de ces insectes qui forment un des innombrables anneaux de la grande chaîne de la création, lorsqu'on a vu ces mêmes insectes dont l'organisation paraît si faible, résister aux divers moyens dont la Providence se sert pour rétablir l'équilibre dans le nombre des individus de chaque espèce? Les individus périssent en masse; mais les espèces résistent et se perpétuent, malgré toutes les vicissitudes atmosphériques telles que les pluies froides, la neige, la grêle et le tonnerre, et surtout les grandes gelées pareilles à celles de 1709 et de 1820 qui ne laissèrent presque pas un arbre sur pied dans toute la Provence. Malgré la grande intensité du froid à ces deux époques de douloureuse mémoire, malgré la disparition presque totale de l'olivier et de son fruit, les différentes espèces d'insectes qui en font leur aliment, ont résisté à ces rudes épreuves et ont été conservées par les moyens miraculeux que la Providence sait employer pour maintenir le merveilleux équilibre et l'harmonie de la création.

L'un des membres les plus distingués de l'institut, M. Audouin, était venu parcourir le département du Var, il y a quelques années, pour étudier les insectes qui désolent l'olivier et découvrir un remède à cette calamité, mais la mort l'a enlevé à ses travaux, et l'on n'a pas connu le résultat de ses recherches.

Plus récemment, on a parlé d'un moyen curatif employé avec succès dans les colonies, pour purger le cafeyer des insectes qui l'attaquent. Il consiste à faire une incision sur l'écorce de cet arbuste, et à y introduire une substance chimique qui écarte ou fait périr ces insectes. L'on doit tout attendre des merveilleuses découvertes de la science, et surtout du génie de l'homme étonnant (1) dont la France s'énorgueillit à tant de titres, et à qui, dit-on, l'on doit l'indication de ce moyen. Mais, pourra-t-on l'appliquer à l'olivier? Celui-ci est un arbre de la grande espèce, à tiges hautes et étendues, et le caféyer n'est qu'un faible arbuste. L'un a l'écorce épaisse et très-raboteuse, et l'autre, lisse et mince. Le produit chimique agit-il par infection, ou bien, s'infiltrant dans la sève, communique-t-il à cette substance et à l'arbre entier, une saveur qui éloigne les insectes? Dans le premier cas, le remède ne serait peut-être efficace que contre les insectes grimpans, forcés par l'odeur de la substance chimique à abandonner le tronc dès qu'ils s'y présenteraient. Mais alors les insectes ailés pourraient se répandre impunément sur les rameaux nombreux et élevés d'un arbre de haute tige comme l'olivier.

Si la substance chimique agissait par infiltration dans la sève, il y aurait à craindre que l'arbre ne souffrît bientôt dans sa constitution. Quoiqu'il en soit, l'on doit désirer que, par les soins de l'autorité supérieure, la découverte de M. Arago soit expérimentée sur l'olivier.

Quels que soient les prodiges de la science, en fait de découvertes, la question qui nous occupe paraît insoluble par les moyens humains. Lorsqu'il s'agira de modifier, de diriger l'action des élémens, d'en analyser la substance etc., la science sera dans son domaine et elle fera les plus admirables découvertes, telles que l'application de la vapeur comme puissance motrice etc. etc.; mais, lorsqu'il faudra combattre l'instinct de tant d'insectes, d'espèces, de formes si diverses, d'habitudes si inconnues, toucher enfin à l'œuvre de la création, nous croyons que la tâche sera difficile, et que, sans faire injure à la science, l'on peut avancer qu'on doit attendre plus d'efficacité de l'action de la nature

---

(1) L'illustre et savant M. Arago.

que des moyens humains, pour rétablir l'équilibre détruit par le fait de l'homme.

Ce qui doit nous frapper dans la question actuelle, c'est que malgré les moyens employés depuis tant de siècles pour détruire les rats, les cloportes, les fourmis et tant d'autres animaux qui viennent incommoder l'homme jusque dans sa propre demeure, l'on n'a pas encore pu s'en débarrasser.

Et l'on voudrait anéantir les myriades d'insectes qui rongent l'olivier !

Il n'est que trop probable, nous le répétons, que ce moyen n'est pas au pouvoir de l'homme.

Le moyen le plus rationnel, le plus praticable, le plus sûr d'attenuer le mal qui afflige nos campagnes, c'est de seconder l'action de la nature. En peu de temps, elle saura bien rentrer dans les règles générales de son admirable équilibre.

On y parviendra, nous l'avons indiqué, en reboisant les montagnes et les collines qui ne sont point plantées d'oliviers ; en protégeant la reproduction des oiseaux ; en donnant, par des engrais et par de fréquens labours, de la vigueur aux oliviers ; enfin, en employant, autant que possible, les moyens indiqués pour la destruction des insectes.

L'action de l'homme, ainsi combinée avec celle de la nature, ne saurait manquer de produire des résultats avantageux, et de ramener l'olivier à son état normal de végétation et de rapport.

Mais poursuivre la destruction générale et complète des insectes qui attaquent l'olivier et son fruit, est une entreprise au-dessus du pouvoir humain, et le conseil-général du Var peut être bien convaincu que le prix qu'il a mis au concours, ne sera pas remporté, parce que la condition exigée est impossible à remplir.

J. A. TOUCAS

Membre du comice agricole de Toulon.

Solliés-Toucas, le 15 mars 1844.